四川省工程建设地方标准

四川省建筑地下结构抗浮锚杆技术标准

Technical standard for anti-floating anchor of building substructure in Sichuan Province

DBJ51/T 102 – 2018

主编部门：四 川 省 住 房 和 城 乡 建 设 厅
批准部门：四 川 省 住 房 和 城 乡 建 设 厅
施行日期：２ ０ １ ９ 年 ３ 月 １ 日

西南交通大学出版社

2019 成 都

图书在版编目（ＣＩＰ）数据

四川省建筑地下结构抗浮锚杆技术标准 /四川省建
筑科学研究院有限公司主编. —成都：西南交通大学出版社，
2019.3（2022.5 重印）
（四川省工程建设地方标准）
ISBN 978-7-5643-6688-9

Ⅰ．①四… Ⅱ．①四… Ⅲ．①地下工程 – 结构工程 –
地方标准 – 四川 Ⅳ．①TU93-65

中国版本图书馆 CIP 数据核字（2018）第 290781 号

四川省工程建设地方标准

四川省建筑地下结构抗浮锚杆技术标准

主编单位　四川省建筑科学研究院有限公司

责 任 编 辑	杨　勇
助 理 编 辑	王同晓
封 面 设 计	原谋书装
出 版 发 行	西南交通大学出版社 （四川省成都市二环路北一段 111 号 西南交通大学创新大厦 21 楼）
发 行 部 电 话	028-87600564　028-87600533
邮 政 编 码	610031
网　　　　址	http: //www.xnjdcbs.com
印　　　　刷	成都蜀通印务有限责任公司
成 品 尺 寸	140 mm × 203 mm
印　　　　张	2.5
字　　　　数	62 千
版　　　　次	2019 年第 1 版
印　　　　次	2022 年 5 月第 4 次
书　　　　号	ISBN 978-7-5643-6688-9
定　　　　价	28.00 元

关于发布工程建设地方标准
《四川省建筑地下结构抗浮锚杆技术规程》的通知

川建标发〔2018〕918号

各市州及扩权试点县住房城乡建设行政主管部门，各有关单位：

由四川省建筑科学研究院主编的《四川省建筑地下结构抗浮锚杆技术规程》已经我厅组织专家审查通过，现批准为四川省推荐性工程建设地方标准，编号为：DBJ51/T 102 - 2018，自 2019年3月1日起在全省实施。

该标准由四川省住房和城乡建设厅负责管理，四川省建筑科学研究院有限公司负责技术内容解释。

四川省住房和城乡建设厅
2018 年 9 月 29 日

前　言

本标准根据四川省住房和城乡建设厅《关于下达四川省工程建设地方标准〈四川省建筑地下结构抗浮锚杆技术规程〉编制计划的通知》（川建标发〔2012〕263号）的要求，由四川省建筑科学研究院有限公司会同勘察、设计、施工、检测及质量监督等相关单位共同制订而成。

本标准在制订过程中，编制组深入调查研究，认真总结省内抗浮锚杆工程实践，参考现行国家、行业相关标准，在广泛征求意见的基础上经多次讨论修改制定而成。

本标准共分8章和4个附录，依次为总则、术语和符号、基本规定、勘察与抗浮设防水位、抗浮锚杆设计、抗浮锚杆施工、质量检测和验收、抗浮鉴定与加固及附录。

本标准由四川省住房和城乡建设厅负责管理，由四川省建筑科学研究院有限公司负责技术内容解释。在实施过程中，请各单位注意总结经验、积累资料，并及时将意见和建议反馈给四川省建筑科学研究院有限公司（通信地址：成都市一环路北三段55号；邮政编码：610081；电话：028-83373580；邮箱：scjkykjb@126.com）

主编单位： 四川省建筑科学研究院有限公司

参编单位： 中国建筑西南设计研究院有限公司

核工业西南勘察设计研究院有限公司

中冶成都勘察研究总院有限公司

四川省川建勘察设计院

四川省建筑工程质量检测中心

成都兴蜀勘察基础工程公司

成都市勘察测绘研究院

四川省建设工程质量监督总站

四川省欧荣岩土工程有限公司

主要起草人： 何开明　袁贵兴　方长建　周　勇

李耀家　钟义敏　余德彬　冯中伟

罗东林　向　学　杨学义　寇元龙

王德华　宋　静　廖中原　张炳焜

陈昱成　张敬一　袁　兴　伍　波

文　强　乐　建　李泽泽　马　杰

李长武

主要审查人： 汪定熵　章一萍　王亨林　张　波

杨先平　张家国　马德云

目　次

Contents

1 总　则

1.0.1　为规范建筑地下结构抗浮锚杆的设计、施工，做到技术先进、安全适用、经济合理和确保质量，制定本标准。

1.0.2　本标准适用于四川省境内建筑地下结构抗浮锚杆的勘察、设计、施工、检测和验收，以及鉴定与加固。

1.0.3　建筑地下结构抗浮锚杆的设计和施工应充分考虑工程地质与水文地质条件及地区经验，合理发挥抗浮锚杆的抗拔性能。

1.0.4　建筑地下结构抗浮锚杆的勘察、设计、施工、检测及验收，以及鉴定与加固除应符合本标准规定外，尚应符合国家现行有关标准的规定。

2 术语和符号

2.1 术 语

2.1.1 建筑地下结构 building substructure

建（构）筑物修建在地面以下的结构物。

2.1.2 抗浮锚杆 anti-floating anchor

设置于建（构）筑物基础底部，将上浮力传递到稳定的岩土层，用以抵抗地下水对建（构）筑物上浮力的构件。通常包括杆体（由钢筋、特制钢管、钢绞线等筋材组成）、注浆体、锚具、套管和可能使用的连接器。

2.1.3 永久性抗浮锚杆 permanent anti-floating anchor

设计使用期超过 2 年的锚杆。

2.1.4 抗浮锚杆杆体 anti-floating anchor tendon

由筋材、防腐保护体及隔离架和对中支架等组成的整套锚杆组装杆件。

2.1.5 锚固段 fixed anchor segment

通过注浆体将拉力传递到周围岩石或土体的锚杆部分。

2.1.6 自由段 free anchor segment

利用弹性伸长将拉力传递给锚固体的锚杆部分。

2.1.7 锚固体 anchor body

锚固段注浆体与嵌固注浆体的岩土体所组成的受力共同体。

2.1.8 注浆体 grouting body

由灌注于锚孔内的水泥浆、水泥砂浆凝结而成的固结体或水泥结石体。

2.1.9 预应力锚杆 prestressed anchor

借助杆体自由段的弹性伸长施加预应力的锚杆。

2.1.10 全长锚固型锚杆 wholly grouted anti-floating anchor

全段锚固不设自由段的非预应力锚杆。

2.1.11 锚杆抗拔承载力极限值 ultimate pullout bearing capacity

锚杆在轴向拉力作用下达到破坏状态前或出现不适于继续受力的变形时所对应的最大拉力值。

2.1.12 锚杆抗拔承载力特征值 designed pullout bearing capacity

锚杆抗拔承载力极限值除以抗拔安全系数后的值。

2.1.13 整体抗浮 whole anti-floating

地下结构整体抵抗水浮力的能力。

2.1.14 局部抗浮 partial anti-floating

地下结构局部抵抗水浮力的能力。

2.1.15 抗浮设防水位 water level for prevention of up-floating

地下室抗浮评价计算所需的、保证抗浮设防安全和经济合理的场地地下水水位。

2.2 符 号

2.2.1 材料性能

γ_w——地下水重度；

R_{ak}——锚杆抗拔承载力特征值；

f_y，f_{py}——钢筋，钢绞线抗拉强度设计值。

2.2.2 作用与作用效应

$N_{w,k}$——地下水浮力作用值；

N_{ak}——锚杆轴向拉力标准值；

q_{sia}——岩土层与锚固体间的极限粘结强度标准值；

f_b——钢筋或钢绞线与锚固段注浆体间的粘结强度标准值；

G_{k1}——结构自重；

G_{k2}——传到抗浮板（底板）上的所有压重；

W——基础底面下抗浮锚杆范围内的土体重量。

2.2.3 几何参数

ΔH——抗浮设防水位与建筑物基础底标高之差；

A——基底面积或抗浮计算分区基底面积；

A_e——单根抗浮锚杆所承担的抗浮板面积；

l_1——锚杆锚固段长度；

D——锚固体直径；

l_2——杆体与砂浆、水泥浆之间的锚固长度；

d——钢筋或钢绞线直径；

A_s——锚杆筋体截面面积；

S_1——t_1时刻所测得的蠕变量；

S_2——t_2时刻所测得的蠕变量；

l_a——受拉钢筋的基本锚固长度；

l_{ab}——受拉钢筋的锚固长度；

2.2.4 计算系数及其他

K——锚杆锚固体抗拔安全系数；

n——钢筋或钢绞线根数；

K_b——锚杆筋体抗拉安全系数；

m——计算区域抗浮锚杆根数；

K_w——抗浮稳定性安全系数；

K_c——锚杆蠕变率。

3 基本规定

3.0.1 建筑地下结构存在地下水浮力作用时应进行抗浮稳定性验算，并根据验算结果采取相应抗浮措施。

3.0.2 建筑场地的岩土工程勘察文件编制深度应满足地下结构抗浮设计和施工需要。必要时，应补充专项勘察。

3.0.3 强腐蚀环境中不应采用抗浮锚杆。

3.0.4 抗浮锚杆设计时，所采用的作用效应与相应的抗力限值应符合下列规定：

  1 确定锚杆的数量、布置、长度及抗拔承载力特征值时，传至锚杆的作用效应应按正常使用极限状态下作用的标准组合；相应的抗力应采用锚杆抗拔承载力特征值；

  2 抗浮锚杆设计安全等级、结构设计使用年限、结构重要性系数应与主体结构一致。

3.0.5 抗浮锚杆采用新技术、新工艺或新材料时应进行专项论证。

3.0.6 抗浮锚杆的设计和施工应避免对相邻建（构）筑物的基础产生不利影响。

3.0.7 地下结构抗浮锚杆宜采用全长锚固型非预应力锚杆；对变形有严格控制时，宜采用预应力锚杆。

3.0.8 锚杆采用的材料和部件应满足设计和稳定性要求，其质量及验收标准均应符合国家现行有关标准、规范的要求。

3.0.9 建筑地下结构抗浮锚杆的设计应采用符合锚杆受力状态

的计算方法。

3.0.10 地下水位变化幅度较大的地下结构采用抗浮锚杆时，应考虑地下水位变化的不利影响。

3.0.11 建筑地下结构的使用环境或外部条件发生变化引起水浮力增加时应对抗浮稳定性重新验算，并根据验算结果采取合理抗浮技术措施。

3.0.12 既有建筑地下室抗浮加固前，应对既有抗浮工程进行鉴定。

3.0.13 抗浮锚杆应满足承载力、耐久性和变形控制要求。

3.0.14 抗浮锚杆工程竣工后，应按设计要求和质量验收标准进行质量检验和验收。

4 勘察与抗浮设防水位

4.1 一般规定

4.1.1 拟建主体建筑的岩土工程勘察应兼顾相邻同期拟建地下结构抗浮锚杆的设计和施工需要。

4.1.2 地下结构的抗浮设防水位应在考虑岩土层的渗透性、地下水位观测资料、地下水补给和排泄条件、地下水位最大涨幅等因素的基础上，结合地形地貌和工程经验综合确定。

4.2 抗浮锚杆工程勘察与抗浮设防水位

4.2.1 抗浮锚杆的岩土工程勘察，勘探点的布置应符合下列规定：

1 根据地下结构埋置深度及场地岩土工程条件，结合主体建筑勘察要求布置勘探点，其间距一般为 15 m～30 m；

2 当锚杆穿过范围存在软弱土层、膨胀土等，或可能会造成抗浮锚杆施工困难的地层，以及暗沟、暗塘等异常地段，应适当加密勘探点。

4.2.2 勘察控制孔深度应与拟建主体建筑控制孔深度保持一致。在上述深度内当存在有较厚软土、黏性土、粉土或砂土层时，应适当加深勘探深度。

4.2.3 抗浮锚杆穿过的主要岩土层应进行常规物理力学性质试验、抗剪强度试验、岩石单轴抗压强度试验，必要时应测试岩土体渗透系数。

4.2.4 地下水的勘察应符合下列规定：

1 应测量地下水的初见水位和稳定水位，并调查水位变化幅度；

2 多层含水层对抗浮有影响时，应分层测量其水位；

3 当基底以下有承压水时，应测量水头高度；

4 查明场地暗塘、暗沟的位置、范围、规模、水位埋深以及场地附近所分布的河流、湖泊、水塘等地表水体及与地下水的水力联系。

4.2.5 抗浮设防水位的确定应综合考虑下列因素：

1 长期地下水位观测资料的历年最高水位；

2 场地有承压水且与潜水有水力联系时，取承压水和潜水的混合稳定较高水位；

3 抗浮设防水位的最大值不宜超过室外设计地坪；

4 场地地形条件及场地周边工程建设活动对抗浮设防水位的影响。

5 抗浮锚杆设计

5.1 一般规定

5.1.1 抗浮锚杆设计应符合下列规定：

1 进行整体抗浮和局部抗浮验算；

2 进行抗浮锚杆的承载力验算；对变形控制有要求时，还应进行变形验算；

3 抗浮锚杆的防腐等级和构造应满足现行国家标准《工业建筑防腐蚀设计规范》GB 50046 和《建筑防腐蚀工程施工规范》GB 50212 的要求。

5.1.2 抗浮锚杆设计应考虑地下水位动态变化对抗水板的不利影响。

5.1.3 锚杆的布置应综合考虑覆土情况、结构层数、刚度的不均匀采取分区布置的方式。同一区域内锚杆还应根据锚杆所处位置考虑不均匀受力性质。

5.1.4 锚杆锚固段的间距不应小于 1.5 m。

5.1.5 斜坡场地或可能产生明显水头差场地的地下结构抗浮设计应考虑地下室底板下地下水渗流所产生的非均布荷载对地下结构的影响。

5.1.6 抗浮锚杆的锚固长度应在设计计算的基础上增加 0.5 m～1.0 m，设计时根据地质条件取值。

5.1.7 抗浮锚杆的锚固段不应设在未经处理的软弱土、有机质土、膨胀土、红黏土、湿陷性黄土、欠固结土以及不良地质地段和钻孔可能引发较大沉降的土层。

5.1.8 采用独立基础加抗水板的基础形式在抗水板上设置抗浮锚杆时，板厚不宜小于 400 mm。抗水板还应根据现行国家标准《混凝土结构设计规范》GB 50010 中相关要求进行计算。

5.2 材料要求

5.2.1 抗浮锚杆杆体材料应根据地下结构特性、锚固地层性质、锚杆承载力和施工工艺等综合选定，并优先选用高强、高性能钢筋。

5.2.2 注浆材料应符合下列规定：

 1 水泥宜使用普通硅酸盐水泥，必要时可采用抗硫酸盐水泥，且水泥强度不宜小于 42.5 MPa，其质量应符合现行国家标准《通用硅酸盐水泥》GB 175 的规定；

 2 砂的含泥量按重量计不得大于 3%，砂中云母、有机物、硫化物和硫酸盐等有害物质的含量按重量计不得大于 1%；

 3 拌合水中不应含有影响水泥正常凝结和硬化的有害物质，不得使用污水；

 4 外加剂的品种和掺量应由试验确定；

 5 浆体材料 28 d 无侧限抗压强度不低于 30 MPa；

 6 水泥砂浆只能用于一次注浆，其细骨料应选用粒径不大于 2.0 mm 的砂。

5.2.3 用于抗浮锚杆的防腐材料应采用符合现行国家标准《工业建筑防腐蚀设计规范》GB 50046 的专用防腐油脂，并应符合下列性能要求：

1 保持防腐性能和物理稳定性；

2 具有防水性和化学稳定性，不得与锚杆材料产生不良反应；

3 在规定的工作温度范围内和张拉使用过程中，不得开裂、变脆或为流体。

5.2.4 抗浮锚杆各部件的防腐材料和防腐构造应在主体结构使用年限内不发生损坏，且不影响锚杆功能。

5.2.5 当采用预应力抗浮锚杆时，承压板和承载构件应符合下列规定：

1 承压板和承载构件的强度必须满足锚杆抗拔承载力的要求，同时应满足锚具和结构物的连接构造要求；

2 承压板宜由钢板制作。

5.2.6 隔离对中支架应由钢、塑料或其他对杆体无害的材料组成。

5.3 设计计算

5.3.1 抗浮锚杆设计应包括下列主要内容：

1 锚杆类型、布置、施工工艺；

2 锚固段长度、锚固段直径；

3 锚杆筋体材料和注浆材料；

4 锚杆试验、验收要求。

5.3.2 地下水浮力作用值应按式（5.3.2）计算（图5.3.2）：

$$N_{w,k} = \gamma_w \Delta H A \qquad (5.3.2)$$

式中 $N_{w,k}$——地下水浮力作用值（kN）；

γ_w——地下水重度（kN/m³）；

ΔH——抗浮设防水位与建筑物基础底标高之差（m）；

A——基底面积或抗浮计算分区基底面积（m²）。

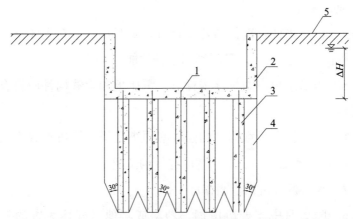

图 5.3.2　地下水浮力标准值和抗浮锚杆整体稳定性计算示意图

1—抗浮锚杆；2—地下结构；3—锚固体；4—岩土体；5—室外地坪

5.3.3 抗浮锚杆轴向拉力标准值可按式（5.3.3）计算：

$$N_{ak} = \frac{N_{w,k} - 0.95\left(G_{k1} + G_{k2}\right)}{m} \qquad (5.3.3\text{-}1)$$

$$N_{ak} = \frac{N_{w,k} - 0.95\left(G_{k1} + G_{k2}\right)}{A} A_e \qquad (5.3.3\text{-}2)$$

式中 N_{ak}——锚杆轴向拉力标准值(kN)；

G_{k1}——结构自重（kN）；

G_{k2}——传到抗浮板（底板）上的所有压重（kN）；

m——计算区域抗浮锚杆根数；

A_e——单根抗浮锚杆所承担的抗浮板面积（m²）。

5.3.4 锚杆轴向拉力标准值应满足式（5.3.4）要求：

$$N_{ak} \leqslant R_{ak} \qquad (5.3.4)$$

式中　R_{ak}——锚杆抗拔承载力特征值（kN）。

5.3.5 锚杆锚固长度应按基本试验确定。初步设计时可按下列公式估算，并取其中较大值。

1　锚杆锚固段与岩土层间的长度应满足式（5.3.5-1）的要求：

$$l_1 = \frac{KN_{ak}}{\pi D q_{sia}} \qquad (5.3.5\text{-}1)$$

式中　K——锚杆锚固体抗拔安全系数，一般取 2.0；

　　　l_1——锚杆锚固段长度（m）；

　　　q_{sia}——岩土层与锚固体间的极限粘结强度标准值（kPa），

　　　　　　应通过试验确定；当无试验资料时可按表 5.3.5-1 和

　　　　　　表 5.3.5-2 取值；

　　　D——锚固体直径（mm）。

表 5.3.5-1　岩石与锚固体间的极限粘结强度标准值

岩石类别	极限粘结强度标准值 q_{sia}/kPa
极软岩	200 ~ 300
软　岩	300 ~ 600
较软岩	600 ~ 1 000
较硬岩	1 000 ~ 1 500
坚硬岩	1 500 ~ 2 400

注：1　表中数据适用于水泥砂浆或水泥结石体，强度等级为 M30；

　　2　仅适用于初步设计，施工时应通过试验检验；

　　3　岩体结构面发育时，粘结强度取表中下限值；

　　4　表中数据适用于中风化及微风化岩层，全风化和强风化参照所
　　　风化成的相应土类取值。

表 5.3.5–2　土体与锚固体间的极限粘结强度标准值

土层种类	土的状态	极限粘结强度标准值 q_{sia}/kPa
黏性土	软塑	20 ~ 40
	可塑	40 ~ 50
	硬塑	50 ~ 65
	坚硬	65 ~ 100
砂土	稍密	80 ~ 120
	中密	120 ~ 180
	密实	180 ~ 260
碎石土	稍密	120 ~ 160
	中密	160 ~ 220
	密实	220 ~ 300

注：1　适用于注浆强度等级为 M30；
　　2　对粉土的稍密、中密和密实可分别对应黏性土的软塑、可塑和硬塑参考选用；
　　3　仅适用于初步设计，施工时应通过试验检验。

2　锚杆杆体与锚固砂浆间的锚固长度应满足式（5.3.5-2）要求：

$$l_2 = \frac{KN_{ak}}{n\pi df_b} \qquad (5.3.5\text{-}2)$$

式中　l_2——杆体与砂浆、水泥浆之间的锚固长度（m）；

　　　　n——钢筋或钢绞线根数；

　　　　d——钢筋或钢绞线直径（m）；

f_b——钢筋或钢绞线与锚固段注浆体间的粘结强度标准值（MPa），应由试验确定，当缺乏试验资料时可按表 5.3.5-3 选用；

表 5.3.5-3　钢筋、钢绞线与砂浆间的粘结强度标准值 f_b　　MPa

杆筋类型	水泥浆或水泥砂浆强度等级		
	M25	M30	M35
螺纹钢筋	2.10	2.40	2.70
钢绞线	2.75	2.95	3.40

注：1　当采用二根钢筋点焊成束的做法时，粘结强度应乘以 0.85 的折减系数；当采用三根钢筋点焊成束的做法时，粘结强度应乘以 0.70 的折减系数。
　　2　成束钢筋的根数不应超过 3 束，钢筋截面总面积不应超过锚孔面积的 20%。当锚固段钢筋和注浆材料采用特殊设计，并经试验验证锚固效果良好时，可适当增加锚杆钢筋用量。

5.3.6　锚杆筋体截面面积应按式（5.3.6）确定：

$$A_s \geqslant \frac{K_b N_{ak}}{f_y} \quad 或 \quad A_s \geqslant \frac{K_b N_{ak}}{f_{py}} \qquad （5.3.6）$$

式中　A_s——锚杆筋体截面面积（m^2）；

　　　K_b——锚杆筋体抗拉安全系数，取 2.0；

　　　f_y，f_{py}——钢筋或钢绞线抗拉强度设计值（kPa）。

5.3.7　抗浮锚杆呈整体破坏时抗浮稳定性验算应按式（5.3.7）计算（图 5.3.2）：

$$\frac{W + G_{k1} + G_{k2}}{N_{w,k}} \geqslant K_w \qquad （5.3.7）$$

式中 $N_{w,k}$——地下水浮力作用值（kN）；

　　　W——基础底面下抗浮锚杆范围内的土体重量（kN），计算时取浮重度；

　　　K_w——抗浮稳定性安全系数，取 1.05。

5.4 防腐措施

5.4.1 抗浮锚杆的防腐保护等级应根据锚杆的设计使用年限和所处环境的腐蚀性等级确定。

5.4.2 各种环境下的抗浮锚杆防腐保护等级应按表 5.4.2 确定。

表 5.4.2 抗浮锚杆的防腐保护等级

防腐保护等级	适用范围
Ⅰ级	中等腐蚀环境中的永久性锚杆
Ⅱ级	弱腐蚀环境中的永久性锚杆
Ⅲ级	微腐蚀环境中的永久性锚杆

5.4.3 地下结构抗浮锚杆锚固段防腐保护应符合下列规定：

　　1 采用Ⅲ级防腐保护构造的锚杆杆体，水泥浆或水泥砂浆保护层厚度应不小于 25 mm；

　　2 采用Ⅰ级、Ⅱ级防腐保护构造的锚杆杆体，应采取特殊防腐蚀处理，且水泥浆或水泥砂浆保护层厚度不应小于 50 mm。

5.4.4 抗浮锚杆锚固段长度范围内不得存在影响注浆体有效粘结和使用寿命的有害物质，杆体应按设计要求进行防腐处理。

5.5 构造要求

5.5.1 抗浮锚杆筋材截面积不应超过钻孔面积的 20%。钻孔直径不得小于 150 mm。当抗拉强度不足时宜采用高强钢筋。

5.5.2 锚杆定位支架沿锚杆轴线方向设置间距宜为 1.0 m ~ 2.0 m，对土层取小值，对岩层取大值。

5.5.3 抗浮锚杆钢筋锚入抗水板内的锚固长度应满足现行国家规范《混凝土结构设计规范》GB 50010 的要求，并符合下列规定：

1 采用直线锚固形式时，锚固长度不应小于受拉钢筋的锚固长度 l_a，杆体钢筋伸入混凝土板内的垂直长度应不小于板厚度的一半，且应不小于 250 mm，伸过等厚中线的长度不小于 $5d$（图 5.5.3a），d 为抗浮锚杆钢筋直径；

2 当板截面尺寸不满足直线锚固要求时，锚杆钢筋可采用钢筋端部加机械锚头的锚固方式。锚杆钢筋宜伸至板上部纵向钢筋内边，末端与钢板穿孔塞焊；包括机械锚头在内的垂直投影锚固长度不应小于 $0.4l_{ab}$（图 5.5.3b），l_{ab} 为基本锚固长度；

3 锚杆钢筋也可采用 90° 弯折锚固的方式，此时锚杆钢筋应伸至板上部纵向钢筋内边并进行 90° 弯折，其包含弯弧在内的垂直投影长度不应小于 $0.4l_{ab}$，弯折钢筋在弯折平面内包含弯弧段的投影长度不应小于 $15d$（图 5.5.3c）；

4 当钢筋锚固长度不满足构造要求时，应采取锚板锚固，锚固长度不应小于 250 mm（图 5.5.3d）。

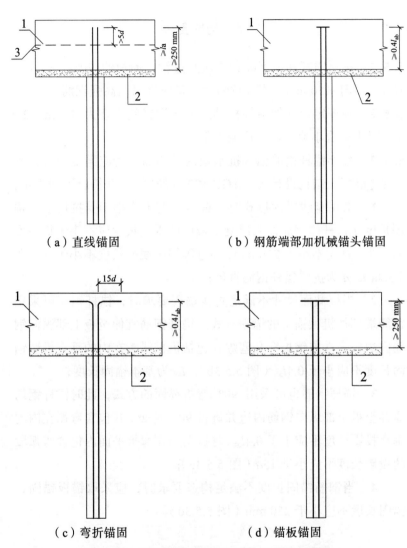

（a）直线锚固　　　　　　　（b）钢筋端部加机械锚头锚固

（c）弯折锚固　　　　　　　　（d）锚板锚固

图 5.5.3　抗浮锚杆与底板或基础的连接示意图

1—基础底板；2—素混凝土垫层；3—底板中心线

5.5.4 抗浮锚杆Ⅰ、Ⅱ、Ⅲ级防腐保护构造应符合表 5.5.4 的要求。

表 5.5.4　锚杆Ⅰ、Ⅱ、Ⅲ级防腐保护构造要求

防腐保护等级	锚杆类型	锚杆和锚具		
		锚头	自由段	锚固段
Ⅰ级	拉力型、拉力分散型	采用过渡管,锚具用混凝土封闭或用钢罩保护	采用注入油脂的护管或无粘结钢绞线,并在护管或无粘结钢绞线束外再套光滑管	采用注入水泥浆的波形管
	压力型、压力分散型	采用过渡管,锚具用混凝土封闭或用钢罩保护	采用无粘结钢绞线,并在无粘结钢绞线束外再套光滑管	采用无粘结钢绞线
Ⅱ级	拉力型、拉力分散型	采用过渡管,锚具用混凝土封闭或用钢罩保护	采用注入油脂的保护套管或无粘结钢绞线	采用注入水泥浆的波形管
Ⅲ级	拉力型、拉力分散型	采用过渡管,锚具涂防腐油脂	采用注入油脂的保护套管或无粘结钢绞线	注浆

5.5.5 抗浮锚杆与抗水板连接处的防水措施,宜采用下列方式:

1 在锚杆与抗水板或基础锚固段布置遇水膨胀止水条;

2 在锚杆部位垫层浇筑时预留凹槽,将防水层在此处下凹,具体连接和构造见图 5.5.5。

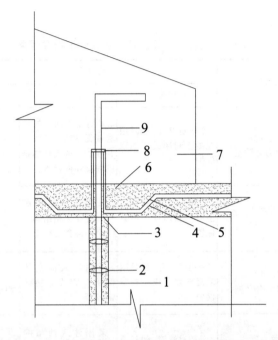

图 5.5.5 抗浮锚杆与抗水板或基础连接处防水方式

1—注浆体；2—杆体定位器；3—防水涂料；4—PVC 防水附加层；
5—PVC 防水层；6—防水保护层；7—抗水板或基础；
8—金属卡箍；9—锚杆杆体

6 抗浮锚杆施工

6.1 一般规定

6.1.1 抗浮锚杆施工前，应调查施工区域地下管线、地下建（构）筑物等情况，分析施工中可能产生的不良影响，并制定相应预防措施。

6.1.2 根据设计文件、现场条件编制施工组织设计。施工组织设计应对钻孔、杆体制作、存储及安放、防腐、注浆、防水等主要环节提出明确技术要求。

6.1.3 施工前应检查原材料的检测报告和施工设备的主要技术性能。

6.2 钻孔

6.2.1 钻孔机械应结合下列方面综合选择：

  1 场地岩土类型、成孔条件；

  2 地形条件、施工环境；

  3 锚固类型、锚杆长度；

  4 经济性和施工速度。

6.2.2 下列情况应采用套管护壁钻孔：

  1 不稳定岩土层中钻孔；

  2 存在受扰动易出现涌砂流土的粉土；

  3 存在易塌孔的砂层；

4 存在易缩颈的软土层。

6.2.3 采用套管护壁钻孔，在成孔、下放杆体至设计深度后，可采用 5 mm~10 mm 的砾石填充后，再拔管和注浆。碎石料应采用微风化高强度的岩石破碎而成，碎石材料强度和压碎值应满足现行国家标准《混凝土质量控制标准》GB 50164 的规定。

6.2.4 锚孔施工应符合下列规定：

1 钻孔前根据设计要求和地层条件定出孔位并做出标记，施工中不得扰动周围地层；

2 锚孔定位、锚孔直径、锚孔偏斜度、锚孔深度均应满足规范要求。

6.2.5 地下水丰富的卵石地层，当地下水影响锚固体施工质量时，应降低地下水位或采取其他可靠措施确保施工质量。

6.3 杆体制作和安放

6.3.1 杆体的制作应符合下列规定：

1 在锚固段长度范围，杆体上不得有可能影响与注浆体有效粘结和影响锚杆使用寿命的有害物质，并应确保满足设计要求的注浆体保护层厚度；

2 钢筋、钢绞线或钢丝需进行切割时应采用切割机，不得采用电弧切割；

3 杆体制作时应按设计要求进行防腐处理。

6.3.2 抗浮锚杆杆体采用钢筋制作前，钢筋应调直、除油和除锈。钢筋接长应符合现行行业标准《钢筋机械连接技术规程》JGJ 107、《钢筋焊接及验收规程》JGJ 18 等现行有关标准的规定。

6.3.3 锚杆杆体的存储应符合下列规定：

1 杆体制作完成后应尽早使用，不宜长期存放；

2 制作完成的杆体不得露天存放，宜存放在干燥清洁的场所，应避免机械损伤、介质侵蚀或油渍溅落污染杆体；

3 杆体外露部分应进行防锈处理；

4 对存放时间较长的杆体，在使用前必须进行严格检查。

6.3.4 锚杆杆体的安放应符合下列规定：

1 在杆体放入钻孔前，应检查杆体的加工质量，确保满足设计要求；

2 安放杆体时，应防止扭压和弯曲，杆体放入孔内应与钻孔角度保持一致；

3 安放杆体时，不得损坏防腐层，不得影响正常的注浆作业；

4 全长锚固型锚杆杆体和预应力锚杆杆体插入孔内的深度不应小于锚杆长度的98%。

6.4 注 浆

6.4.1 锚杆注浆应符合下列规定：

1 注浆前应清孔。对地下水位以下土层、岩层锚孔应用清水洗孔；对砂卵石地层干作业锚杆，注浆时间一般在成孔后3 d内完成注浆；对水下作业的锚杆、岩层锚杆应在24 h内完成注浆。

2 注浆管宜与锚杆同时放入孔内。

3 浆液自下而上连续灌注，对采用碎石填充后灌浆的锚杆，锚杆上段3 m范围内应采取可靠措施灌注密实；必要时，初凝前可多次反复注浆。

4 注浆设备应有足够的浆液生产能力和所需的额定压力，应能在 1 h 内完成单根锚杆的连续注浆并记录注浆量。

5 注浆浆液应搅拌均匀，随搅随用，停放时间不得超过浆液的初凝时间；严防石块、杂物混入浆液。

6 钻孔灌浆应饱满密实，灌浆方法和压力应满足设计要求；

7 当孔口溢出一定量的纯浆液后，可停止注浆，并根据浆液沉淀情况确定是否二次或多次补注浆。

8 注浆体初凝后不得敲击杆体或悬挂重物。

6.4.2 注浆材料宜选用灰砂比 1：0.5～1：1 的水泥砂浆或水灰比 0.45～0.5 的纯水泥浆，必要时可加一定量的外加剂或掺合料。

6.4.3 浆体抗压强度检验应现场留置试件，并应标准养护 28 d 或达到设计规定龄期。每 300 根锚杆应留取 1 组试件，不足 300 根的按 300 根考虑，每组试件应留取 3 个。

7 质量检测和验收

7.1 一般规定

7.1.1 试验用压力表、测力计、位移计等计量仪器应满足测试要求的精度，试验用千斤顶、油泵等加荷装置的额定压力必须大于试验压力。抗浮锚杆抗拔承载力试验中承台与锚孔净距离应不小于 1 000 mm（图 7.1.1）。

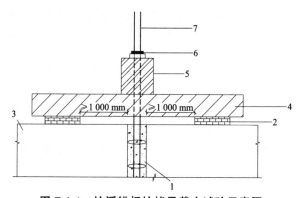

图 7.1.1 抗浮锚杆抗拔承载力试验示意图

1—注浆体；2—承台；3—土层；4—钢梁；

5—千斤顶；6—锚具；7—钢筋

7.1.2 基本试验采用的地层条件、杆体材料、锚杆参数和施工工艺必须与工程锚杆相同，试验数量不应少于 3 根，基本试验参照附录 A 执行。

7.1.3 基本试验最大试验荷载的确定应符合下列规定：

1 钢筋锚杆杆体应力不应超过杆体屈服强度标准值的0.90倍；

2 钢绞线锚杆杆体应力不应超过杆体极限强度标准值的0.85倍；

3 当杆体抗拉承载力不满足要求时应重新进行抗浮锚杆设计。

7.1.4 抗浮锚杆施工后应进行验收试验，数量不应少于锚杆总数的5%，且不少于5根，验收试验参照附录B执行。

7.1.5 对黏性土土层锚杆、全风化的泥质岩层中或节理裂隙发育张开且充填有黏性土的岩层锚杆，应进行蠕变试验。用作蠕变试验的锚杆不得少于3根。蠕变试验参照附录C执行。

7.2 质量检测

7.2.1 抗浮锚杆原材料的质量检验应包括原材料出厂合格证、材料现场抽检试验报告和代用材料试验报告、锚杆浆体强度等级检验报告。

7.2.2 抗浮锚杆的质量检验应符合表7.2.2的规定。主控项目的质量经抽样检验均应合格，一般项目的质量经抽样检验合格点率不应低于80%。

表 7.2.2 锚杆工程质量检验标准

项目	序号	检查项目	允许偏差或允许值	检查方法
主控项目	1	锚杆杆体插入长度/mm	30	用钢尺量
	2	锚杆抗拔承载力特征值及对应位移	设计要求	现场抗拔试验
一般项目	1	锚杆位置/mm	±20	用钢尺量
	2	锚孔直径/mm	±10	用卡尺量
	3	浆体强度	设计要求	试样送检
	4	注浆量	不小于理论计算浆量	检查计量数据
	5	钻孔垂直度	钻孔倾斜度应≤2%	测斜仪等

7.2.3 抗浮锚杆检测点位的选择，宜遵循下列原则：

1 基础底板或抗水板范围内均匀选择，并选在地质条件相对较差处；

2 当锚固段范围地质条件变化较大时，选择在相对较差地段；

3 选择在浮力作用较大或对变形敏感部位；

4 当对锚杆工程质量有异议或施工时局部地质条件出现异常，应适量增加检测数量。

7.3 验 收

7.3.1 锚杆工程应进行专项验收。

7.3.2 锚杆工程验收应提交下列文件：

1 原材料出厂合格证，材料现场抽检试验报告，代用材料试验报告，水泥浆或水泥砂浆试块抗压强度等级试验报告；

2 按本标准附录 D 的内容和格式提供锚杆工程施工记录；

3 锚杆验收试验报告；

4 隐蔽工程检查验收记录；

5 设计变更报告；

6 工程重大问题处理文件；

7 竣工图。

7.4 不合格锚杆处理

7.4.1 抗浮锚杆验收试验出现不合格锚杆时，应二次扩大抽样范围并加倍检测。二次检测仍出现不合格锚杆时，锚杆验收试验即为不合格。

7.4.2 对不合格锚杆在具备二次高压注浆的条件下应进行注浆处理，然后再按验收试验标准进行试验。否则，应按实际达到的试验荷载最大值的 50%使用，并采取新增锚杆或增加压重等措施补偿因不合格锚杆产生的抗力差值。

8 抗浮鉴定与加固

8.1 一般规定

8.1.1 抗浮鉴定应查明地下结构抗浮失效的原因，提出抗浮加固方案建议。

8.1.2 抗浮加固方案应充分考虑施工难易程度及经济合理性。

8.2 抗浮鉴定

8.2.1 抗浮鉴定应搜集如下资料：

    1 场地岩土工程勘察报告；

    2 抗浮设计文件；

    3 地下结构抗浮的施工和验收资料；

    4 场地周边地表水涨幅；

    5 结构的使用荷载和功能改变情况。

8.2.2 现场调查和试验应符合下列规定：

    1 地下结构裂缝形状、长度、宽度及分布范围等调查；

    2 调查抗浮失效期间的地下水位；

    3 开挖检查抗浮锚杆与地下室底板的连接情况，包括锚固长度、锚固方式及是否失效等，测量受损构件尺寸、混凝土强度、配筋情况等，并做好相关记录；

    4 抽取失效区域不少于 3 根抗浮锚杆进行抗拔承载力试验；

    5 地下水的补给排泄路径的现场核实。

8.2.3 抗浮鉴定分析应包含下列内容：

   1 地下水位超越抗浮设防水位的幅度及范围确定；

   2 施工质量与设计的符合性评价以及对抗浮的影响评价；

   3 抗浮稳定性验算和评价；

   4 后续使用期间的抗浮设防水位建议；

   5 抗浮锚杆的抗拔承载力的再利用评估；

   6 抗浮失效对结构安全的影响范围和危害程度的评估；

   7 加固方案及施工可行性分析。

8.3 加固方案

8.3.1 抗浮加固方案可采用增加抗力、限位抽排地下水等方式。

8.3.2 增加抗力可采用下列措施：

   1 增加地下结构自重；

   2 增加压重，如增加底板以上的压重、覆土等；

   3 增加抗浮锚杆数量或新增抗浮桩等。

8.3.3 限位抽排地下水应考虑下列情况：

   1 不适用于地下水和邻近江、河、湖、池等存在水力连通情况；

   2 强透水层中使用应慎重；

   3 抽入市政排水管网的通水能力应充足。

8.3.4 加固方案可采取下列辅助措施：

   1 基坑肥槽回填采用黏性土夯实或素混凝土；

   2 在弱透水土层或穿透埋深不大的透水土层设置隔水帷幕。

8.3.5 施工难易及经济性宜考虑下列因素：

　　1 在既有底板增设抗浮锚杆需要凿断底板钢筋的再连接可靠性及效率；

　　2 采用抗浮桩可能引起底板厚度增加；

　　3 抽排水系统长期运行、维护和设备更新。

附录 A　抗浮锚杆基本试验

A. 0. 1　基本试验用于确定抗浮锚杆的极限抗拔承载力。

A. 0. 2　基本试验锚杆的地质条件、杆体材料、锚杆参数和施工工艺必须与工程锚杆相同。

A. 0. 3　每种类型锚杆的基本试验锚杆数量均不应少于 3 根。

A. 0. 4　抗浮锚杆基本试验一般采用穿孔液压千斤顶加载，千斤顶和油泵的额定压力必须大于试验压力，且试验前应进行标定。加载反力装置的承载力和刚度应满足最大试验荷载的要求。

A. 0. 5　计量仪表（测力计、位移计和计时表等）应满足测试要求的精度。位移量一般采用百分表或电子位移计测量。

A. 0. 6　从锚杆注浆后到开始试验的间歇时间：在确定锚杆锚固段浆体强度达到设计要求的前提下，对于砂类土，不应少于 10 d；对于粉土和黏性土，不应少于 15 d；对于淤泥或淤泥质土，不应少于 25 d。

A. 0. 7　基本试验最大试验荷载应加至破坏或预估抗拔承载力特征值的两倍。试验锚杆的杆体强度应满足最大试验荷载的要求。

A. 0. 8　加载方式：考虑到抗浮锚杆的实际受荷特征，宜采用多循环加卸载法，加荷等级与位移测读间隔时间应按表 A.0.8 确定。

表 A.0.8　多循环加卸荷等级与位移观测间隔时间表

加荷标准循环数	预估最大试验荷载的百分数/%								
	加载过程				累计加载量	卸载过程			
第一循环	10				30				10
第二循环	10	30			50			30	10
第三循环	10	30	50		70		50	30	10
第四循环	10	30	50	70	80	70	50	30	10
第五循环	10	30	50	80	90	80	50	30	10
第六循环	10	30	50	90	100	90	50	30	10
观测时间/min	5	5	5	5	10	5	5	5	5

A.0.9　在每级加荷等级观测时间内，测读位移不应少于 3 次。当相邻两次锚头位移增量小于 0.1 mm 时，视为位移稳定或施加下一级荷载；否则延长观测时间，直到锚头位移增量在 1 h 内小于 1.00 mm 时，视为位移稳定或施加下一级荷载。

A.0.10　当出现下列情况之一时，应终止加载：

　　1　锚杆杆体破坏；

　　2　后一级荷载产生的锚头位移增量达到或超过前一级荷载产生的位移增量的 2 倍；

　　3　锚头位移 3 h 内未达到位移稳定；

　　4　加载至最大试验荷载且锚头位移稳定。

A.0.11　抗浮锚杆极限抗拔承载力的确定应满足下列要求：

　　1　取破坏荷载的前一级荷载；

　　2　取最大试验荷载。

A.0.12　锚杆极限抗拔承载力的统计值应按下列方法确定：

1 参与统计的试验锚杆，当其试验结果满足极差不超过平均值的 30%时，该批锚杆极限抗拔承载力可取其平均值；

2 当极差超过 30%时，宜增加试验数量，并分析极差过大的原因，结合工程实际情况确定该批锚杆极限抗拔承载力。

A. 0. 13 抗浮锚杆抗拔承载力特征值应按极限抗拔承载力的 50%取值。

附录 B 抗浮锚杆验收试验

B.0.1 验收试验应判定抗浮锚杆在验收荷载作用下的抗拔性能是否满足设计要求，为工程验收提供依据。

B.0.2 永久性抗浮锚杆的验收荷载应取设计要求的锚杆抗拔承载力特征值的 2 倍。

B.0.3 验收试验应采用分级加荷，初始荷载宜取锚杆抗拔承载力特征值的 0.20 倍，分级加荷值宜取锚杆抗拔承载力特征值的 0.50、0.75、1.00、1.25、1.50、1.75 和 2.00 倍。

B.0.4 每级荷载施加后均应观测 10 min，每隔 5 min 测读一次锚头位移。如在 10 min 内锚头位移增量小于 1.0 mm，则视为位移稳定或可施加下一级荷载。否则，观测时间应延长至 60 min，并在 15 min、20 min、25 min、30 min、45 min 和 60 min 时测读锚头位移，直到锚头位移增量在 1 h 内小于 2.00 mm 时，视为位移稳定或可施加下一级荷载。

B.0.5 当出现下列情况之一时，应终止加载：

    1 锚杆杆体破坏；

    2 后一级荷载产生的锚头位移增量达到或超过前一级荷载产生的位移增量的 2 倍；

    3 锚头位移 2 h 内未达到位移稳定；

    4 加载至验收荷载且锚头位移稳定。

B.0.6 应加荷至验收荷载并观测 10 min，待位移稳定后即卸荷至 0.2 倍锚杆抗拔承载力特征值并测读锚头位移。

B. 0. 7 当符合下列要求时，应判定验收合格：

1 加载至验收荷载且锚头位移稳定；

2 在验收荷载下所测得的弹性位移量，应超过该荷载下杆体自由段长度理论弹性伸长值的 80%，且小于杆体自由段长度与 1/2 锚固段长度之和的理论弹性伸长值；

3 当设计有要求时，锚杆的总位移量应满足设计要求。

附录 C 抗浮锚杆蠕变试验

C.0.1 锚杆蠕变试验的加荷等级和观测时间应满足表 C.0.1 的规定。在观测时间内荷载必须保持恒定。

表 C.0.1 锚杆蠕变试验的加荷等级和观测时间

加荷等级	观测时间/min	
	t_1	t_2
$0.25R_{ak}$	5	10
$0.50R_{ak}$	15	30
$0.75R_{ak}$	30	60
$1.00R_{ak}$	60	120
$1.25R_{ak}$	120	240
$1.50R_{ak}$	180	360

C.0.2 每级荷载施加完成后，应按观测时间的长短，分别按第 0 min、5 min、10 min、15 min、30 min、45 min、60 min 测读一次锚头位移，1 h 后应每间隔 30 min 测读一次锚头位移。

C.0.3 试验结果可按荷载-时间-蠕变量整理，并绘制蠕变量-时间对数（S-lg$t$）曲线。蠕变率可由式（C.0.3）计算：

$$K_c = \frac{S_2 - S_1}{\lg t_2 - \lg t_1} \qquad （C.0.3）$$

式中 S_1——t_1 时刻所测得的蠕变量；

S_2——t_2 时刻所测得的蠕变量；

K_c——锚杆蠕变率。

C. 0. 4 锚杆在最后一级荷载作用下每一对数周期的蠕变率不应大于 2.0 mm。

附录 D 抗浮锚杆施工记录表

D.0.1 抗浮锚杆施工记录表宜符合表 D.0.1 的规定。

表 D.0.1 锚杆钻孔施工记录

工程名称：　　　　施工单位：　　　　　　钻孔日期：

设计孔深：　　　　设计孔径：　　　　　　钻机型号：

锚杆编号	地层类别	钻孔直径/mm	套管外径/mm	钻孔时间/min	孔口/孔底实测标高/m	钻孔深度/m	套管长度/m	钻孔倾角/(°)	备注

技术负责人：　　　工长：　　　　质检员：　　　记录员：

D. 0. 2 抗浮锚杆注浆施工记录表格宜符合表 D.0.2 的规定。

表 D.0.2 锚杆注浆施工记录

工程名称：　　　　　施工单位：　　　　　注浆日期：

设计浆量：　　　　　注浆设备：

锚杆编号	地层类别	注浆部位	注浆材料和配比	注浆开始时间	注浆终止时间	注浆压力/MPa	注浆量/L	备注

技术负责人：　　　　工长：　　　　质检员：　　　　记录员：

本标准用词说明

1 为便于在执行本标准条文时区别对待，对执行标准严格程度的用词说明如下：

1）表示很严格，非这样做不可的：

正面词采用"必须"，反面词采用"严禁"；

2）表示严格，在正常情况下均应这样做的：

正面词采用"应"，反面词采用"不应"或"不得"；

3）表示允许稍有选择，在条件许可时首先应这样做的：

正面词采用"宜"，反面词采用"不宜"；

4）表示有选择，在一定条件下可以这样做的，采用"可"。

2 标准中指定应按其他有关标准、规范的规定执行时，写法为"应符合……的规定"或"应按……执行"。

引用标准名录

1　《建筑地基基础设计规范》GB 50007

2　《混凝土结构设计规范》GB 50010

3　《岩土工程勘察规范》GB 50021

4　《工业建筑防腐蚀设计规范》GB 50046

5　《岩土锚杆与喷射混凝土支护工程技术规范》GB 50086

6　《地下工程防水技术规范》GB 50108

7　《建筑防腐蚀工程施工规范》GB 50212

8　《建筑工程施工质量验收统一标准》GB 50300

9　《建筑边坡工程技术规范》GB 50330

10　《混凝土结构加固设计规范》GB 50367

11　《钢筋焊接及验收规程》JGJ 18

12　《高层建筑岩土工程勘察规程》JGJ 72

13　《钢筋机械连接技术规程》JGJ 107

14　《建筑基坑支护技术规程》JGJ 120

15　《既有建筑地基基础加固技术规范》JGJ 123

16　《高压喷射扩大头锚杆技术规程》JGJ/T 282

17　《锚杆检测与监测技术规程》JGJ/T 401

18　《岩土锚杆（索）技术规程》CECS 22

四川省工程建设地方标准

四川省建筑地下结构抗浮锚杆技术标准

Technical standard for anti-floating anchor of building

substructure in Sichuan Province

DBJ51/T 102－2018

条 文 说 明

制定说明

本标准在制订过程中，编制组深入调查研究，认真总结省内抗浮锚杆工程实践，参考现行国家、行业相关标准，在广泛征求意见的基础上经多次讨论修改制定而成。

为便于广大设计、施工、科研、学校等单位有关人员在使用本标准时能正确理解和执行条文规定，编制组按章、节、条顺序编制了本标准的条文说明，对条文规定的目的、依据以及执行中需要注意的有关事项进行说明。但是，本条文说明不具备与标准正文同等的法律效力，仅供使用者作为理解和把握标准规定的参考。

目　次

1 总　则

1.0.1～1.0.2 随着地下空间的开发利用，在地下车库、地下商业街、地下广场、泳池等工程的建设中，抗浮问题日益突出，使得抗浮锚杆在工程中的应用变得十分广泛。但是，目前尚没有专门针对地下结构抗浮锚杆的技术标准，导致相关地下结构抗浮事故时有发生。因此，制定本标准有利于规范地下结构抗浮勘察、设计、施工、检测和验收，以及鉴定与加固等流程，提高地下建筑结构抗浮能力，加强抗浮锚杆的推广应用，保证建（构）筑物的安全。

1.0.3 影响抗浮锚杆承载力的因素较多，在设计计算时应充分调查、研究地质情况，结合地区经验，加强试验。建筑地下结构抗浮锚杆设计应综合采用理论计算、工程类比和监控量测相结合的设计方法，保证抗浮锚杆的安全性和经济性。

3 基本规定

3.0.1 凡抗浮设防水位高于建筑地下结构底板或筏板基础顶面标高时，均应对建筑地下结构整体抗浮及抗水板或筏板基础的局部抗浮进行验算。当不满足要求时，应采用抗浮桩、抗浮锚杆等抗浮措施，并应满足相应的构造要求，保证地下建筑结构整体和局部的抗浮满足安全要求。

3.0.3 当地层岩土对水泥砂浆或水泥结石体、钢筋有较强腐蚀性时，抗浮锚杆在长期的腐蚀性环境下其锚固性能会逐渐降低，这不利于保证抗浮设施的有效性以及建（构）筑物的整体安全。因此在腐蚀性环境下应限制抗浮锚杆的使用并采取严格的防腐保护。根据地下水和岩土层对水泥砂浆或水泥结石体、钢筋的腐蚀性，可分为微、弱、中、强四个等级，腐蚀性评价按现行国家标准《岩土工程勘察规范》GB 50021 的相关规定执行。

3.0.4 本标准未区分抗浮锚杆设计安全等级和结构重要性，若在其它重要地下结构的抗浮设计需要考虑时，应执行相应标准。现行国家标准《工程结构可靠性设计统一标准》GB 50153 规定，工程设计时应规定结构的设计使用年限，抗浮锚杆设计必须满足上部结构设计使用年限的要求。

3.0.5 为了增加锚固力，在锚固段的尾部可采取扩大头增大锚固力，这种锚杆称为扩大头型锚杆。在成都地区积累了一些工程经验，采用端部承压型扩头锚杆可以发挥一定端承作用，提高抗拔力。在膨胀土、黏土等条件下等径全长锚固型锚杆不适用时，可以考虑采用承压型扩大头锚杆提高承载力。但是，在缺乏相关经验时，扩孔锚杆的设计、施工应进行试验验证。

高压喷射扩大头锚杆是一种较为常见的扩大头锚杆。这种锚杆采用高压流体在锚孔底部按设计长度对土体进行喷射切割扩孔，并灌注水泥浆或水泥砂浆，形成直径较大的圆柱状浆体的锚杆。最近还出现了一种新型囊式扩体锚杆，该锚杆采用囊体封闭式高压注浆工艺，通过浆体注入钻孔内的囊中逐渐挤扩成预设的形状，囊体周围土体和浆液逐渐被压密，从而发挥一定端承效应。

3.0.6 抗浮锚杆的设计和施工中，不应对相邻建（构）筑物的基础产生不利影响。当可能产生不利影响时，应采取措施对临近基础进行保护。施工时，注意环保。

3.0.7 全长锚固型锚杆是指全段锚固不设自由段的锚杆，主要用于砂卵石等地层条件较好的地区。这种锚杆具有施工快速、方便，抗拔承载力较高的特点。由于成都平原地区地层条件较好，常规地下室一般允许有一定变形，因此全长锚固型锚杆在建筑地下结构抗浮中广泛使用，也积累了不少经验。

当在对地层变形有严格控制要求时应采用预应力锚杆。预应力锚杆技术指标参见现行行业标准《高压喷射扩大头锚杆技术规程》JGJ/T 282、《岩土锚杆(索)技术规程》CECS 22 执行。预应力锚具的锚固力应能达到预应力杆体抗拔承载力极限值的 95%以上，且达到实测极限抗拔承载力极限值时的总应变应小于 2%。预应力筋用锚具、夹具和连接器的性能均应符合现行国家标准《预应力筋用锚具、夹具和连接器》GB/T 14370 的规定。

3.0.8 抗浮锚杆杆体一般采用钢筋，也可采用钢绞线等其他筋材。当采用钢绞线时应施加预应力。部件主要指预应力锚索使用的锚具、台座等。锚杆材料和部件均应提供质量证明材料，主要部件还应进行试验验证。

3.0.9 建筑地下结构采用刚度大、整体性好的筏板基础则可以有效将抗浮锚杆上拔力传至柱及上部结构，根据经验可以只进行整体抗浮稳定验算。当地下结构采用独立基础加抗水板的抗浮措施时，则宜进行整体抗浮和局部抗浮稳定性验算。从成都地区抗浮事故案例分析，地下结构破坏大多是由于没有严格按要求或规定进行局部抗浮稳定验算。

3.0.10 岩土工程锚杆在可变荷载作用下会产生附加位移。国外一些试验资料表明，荷载变化范围的大小对锚杆附加位移有重要影响；在相同的荷载循环周数内，附加位移较小。参照德国、奥地利等国锚杆规范的相关规定，当锚杆承受反复变动荷载时，反复荷载的变动幅度不应大于锚杆拉力设计值的20%。

4 勘察与抗浮设防水位

4.1 一般规定

4.1.1 为给地下结构抗浮设计提供充分依据，以达到安全、合理的目的，进行场地的岩土工程勘察十分必要，尤其是对地下结构进行专门的抗浮评价。抗浮锚杆岩土工程勘察一般都作为主体建筑岩土工程勘察的一部分，与主体建筑工程勘察同步。当已有勘察成果资料不满足设计和施工要求时，应进行专项勘察或补充勘察。

4.1.2 抗浮锚杆工程勘察应重点查明拟建场地水文地质条件和地下水动态变化规律，为抗浮设计提供依据。同时，应充分利用既有水文地质观测资料，综合考虑拟建场地、工程特点和抗浮设计要求确定抗浮设防水位。

4.2 抗浮锚杆工程勘察与抗浮设防水位

4.2.1 根据现行国家标准《岩土工程勘察规范》GB 50021，锚杆穿过范围存在软弱土层、膨胀土等，或锚杆施工困难的地层，以及暗沟、暗塘等异常地段，均属于复杂地段，应加密勘探点。

4.2.2 部分控制性钻孔勘察深度在基底以下不应小于 10 m，勘察深度应穿过软弱土层进入相对硬层，以便于抗浮设计时锚固方式的选择。

4.2.3 通过对锚杆穿过土层进行常规的室内试验，可以了解抗浮锚杆锚固土层的基本物理力学、水力学参数，可以为锚固段抗拔承载力特征值的设计、岩土锚固段和灌浆液参数、灌浆方式选择提供依据。

4.2.4　稳定水位是指钻探时的水位经过一定时间恢复到天然状态后的水位；地下水位恢复到天然状态的时间长短受含水层渗透性影响最大；当需要编制地下水等水位线图或工期较长时，在工程结束后宜统一量测一次稳定水位。

　　根据地区经验丰富程度、场地的水文地质条件的复杂程度以及对工程影响程度，有针对性地对地下水进行勘察。侧重查明地下水类型、承压水水头、水位埋深，尤其应查明地下水与江、河、湖、海等地表水体的水力联系。

4.2.5　当地下水属于潜水类型且无长期水位观察资料时，如果仅按勘察期间实测水位来确定抗浮设防水位是不合理的，应结合场地地形、地貌、地下水补给、排泄条件和含水层顶板标高等因素综合确定。个别滨江地区，时有发生街道被洪水淹没现象，因此，抗浮设防水位可取室外地坪标高。若承压水和潜水有水力联系时，应实测其混合稳定水位，取其中的较高水位作为抗浮设防水位。

　　地形条件主要考虑低洼地带和斜坡地段、场地周边工程建设活动造成邻近江河湖池的水位升高以及邻近新建湖池等。

5 抗浮锚杆设计

5.1 一般规定

5.1.1 变形对抗浮锚杆承载力影响很大，尤其对黏性土等中的抗浮锚杆更要严格控制。

5.1.2 在低水位工况下若建筑地基的沉降还未完成，此时抗浮锚杆与抗水板连接部位相当于刚性支撑，若抗水板太薄则会发生冲切破坏，因此在设计中应进行无水工况下抗水板抗冲切验算。抗冲切验算按现行国家标准《混凝土结构设计规范》GB 50010 的规定执行。

5.1.3 当纯地下室上部覆土不均匀，地上、地下结构层数、刚度差异较大时，净水浮力（净水浮力是指浮力作用值扣除结构自重、压重后剩余的水浮力）的分布就会不均匀，抗浮计算应根据净水浮力的分布情况对验算区域分区。抗浮锚杆也应根据净水浮力的分布情况进行分区布置（图 5.1.3），$F_{净}$ 为净水浮力。

  同一区域内抗浮锚杆所处位置不同，锚杆受力亦不同，位于基础下部或靠近基础布置的锚杆受力较小，而位于抗水板跨中或远离基础布置的锚杆受力较大。设计中应充分考虑锚杆受力的非均匀性，避免锚杆的拉力平均值满足抗拔承载力要求而实际最大拉力值不满足抗拔承载力要求的情况出现。

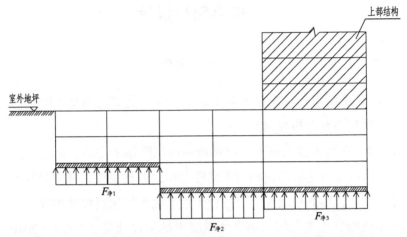

图 5.1.3-1 地下结构或上部结构层数不一致时抗浮计算分区示意图

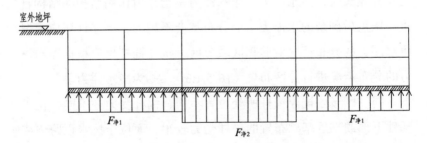

图 5.1.3-2 地下结构刚度不一致时抗浮计算分区示意图

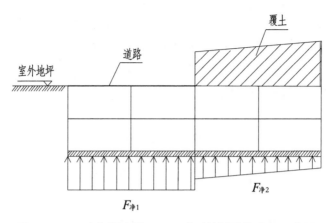

图 5.1.3-3 上部覆土情况不一致时抗浮计算分区示意图

5.1.4 主要是避免"群锚效应"。若需锚杆间距更小时，可设置不同倾角或不同长度的锚杆。

5.1.5 由于抗浮锚杆施工扰动，抗浮板底面下浅部土层对锚杆锚固段的粘结强度损失很大，因此对浅部 0.5 m ~ 1.0 m 范围不计摩阻力。

5.1.7 在软弱土、有机质土、膨胀土、红黏土、湿陷性黄土、欠固结土等土层条件下，因锚固段与锚固土层间的摩阻强度过低而无法满足设计要求的恒定锚固力，故规定未经处理的上述地层不得作为永久性抗浮锚杆的锚固地层。

5.1.8 本条文规定主要是为了满足建筑地下结构局部抗浮稳定性分析要求。从成都地区抗浮失事案例分析，大多数采用独立基础加抗水板方式。抗水板较薄时其刚度亦较小，承载水浮力时抗浮锚杆承受的抗拔力严重不均匀，采用均匀布置锚杆的方式时，板中间位置的锚杆受力往往超过设计抗拔力而失效并导致事故的发生。同时，板较薄时锚筋锚入板中的直锚段亦较小，当水浮力较大时，容易导致与锚筋连接处的板产生破坏。若采取在抗水板中设置暗梁等措施，或通过有限元分析计算确保安全的情况下，可适当减小抗水板厚度。

5.2　材料要求

5.2.1　根据"四节一环保"的要求，提倡应用高强、高性能钢筋，减小钢筋截面面积，便于钢筋的施工布置。锚杆采用普通钢筋时，选用 HRB400、HRBF400、RRB400、HRB500、HRBF500，或采用预应力高强钢筋。采用钢绞线时其极限抗拉强度标准值不小于 1 860 MPa。性能指标应符合国家现行有关标准的规定。

5.2.2　对于硫酸盐腐蚀地层和地下水环境的工况，可采用抗硫酸盐水泥；有早强要求时，宜采用早强硅酸盐水泥，但不推荐在制备水泥浆时添加早强剂；由于铝酸盐水泥水化热高、硬化快，不利于稳定浆液，浆体易开裂，不利于抗腐蚀，故只可用于短期试验锚杆。

外加剂使用时必须慎重，应充分考虑地层和地下水成分，以及水泥特性及其适应性。水泥浆中氯化物、硫酸盐、硝酸盐总量不得超过外加剂重量的 0.1%。采用外加剂还必须通过试验确认，不得影响浆体的强度和粘结性能以及杆体的耐久性。同时使用两种以上外加剂时，应进行外加剂兼容性试验。

5.2.5　承压板和承载构件必须有足够的强度和刚度，一般应使用钢板或其他高强度材料制作，其强度应满足锚杆抗拔承载力极限值要求。

5.2.6 隔离架宜兼有对中分隔作用，且隔离架不得影响锚杆注浆体自由流动。

5.3 设计计算

5.3.3 根据国家标准《建筑地基基础设计规范》GB 50007—2011第 3.0.5 条第 3 款，计算基础抗浮稳定时，作用效应应按承载能力极限状态下作用的基本组合，但其分项系数均为 1.0。一般抗浮稳定计算中，参与组合的荷载仅为水浮力，亦称为浮力作用值。故由浮力作用值扣除结构自重、压重后剩余的净水浮力计算出的锚杆拉力值即为基本组合分项系数取 1.0 时的效应值。式（5.3.3-1）是由锚杆根数计算锚杆轴向拉力标准值，锚杆根数确定了即锚杆布置的纵横间距也就知道了，式（5.3.3-2）是由净水浮力计算出的锚杆轴向拉力标准值。

5.3.4 锚杆轴向拉力标准值不大于锚杆抗拔承载力特征值是基于安全要求。

5.3.5 锚杆锚固体抗拔安全系数 K 一般情况取 2.0，但对地下结构有更重要用途时，可适当提高取值。

5.4 防腐措施

5.4.1 地层介质对锚杆的腐蚀性评价，可根据环境类型、锚杆所处地层的渗透性、地下水位变化状态和地层介质中腐蚀成分的含量按现行国家标准《岩土工程勘察规范》GB 50021 分为微、弱、中、强四个腐蚀等级，抗浮锚杆可按长期浸水处理。

按锚杆的使用年限及所处环境有无腐蚀性来确定锚杆不同的防腐等级与标准，以满足锚杆使用期间的化学稳定性，这是国外相关标准对锚杆防腐保护的基本要求。

5.4.3 对于处于腐蚀环境中的永久性拉力型锚杆受拉时，锚固段注浆体易开裂，为阻止地下水侵入，可设置波形管。波形管的功能是阻止地下水对筋体的侵蚀，但该管必须与水泥浆有足够的粘结强度，以不影响将锚杆拉力传递给地层。

5.4.4 抗浮锚杆防腐处理的可靠性与耐久性是影响锚杆使用寿命的重要因素，"应力腐蚀"和"化学腐蚀"双重作用将使杆体锈蚀速度加快，锚杆使用寿命大大降低，防腐处理应保证锚杆各段均不出现杆体材料局部腐蚀现象。

5.5　构造要求

5.5.1 当锚杆杆体钢筋或钢绞线数量超过 3 根时，将不利于筋材抗拉承载力的发挥。因此，在实际使用中不宜超过三根，当三根无法满足抗拉强度时，宜使用高强钢筋。

5.5.2 沿杆体轴线方向设置对中支架是为了使杆体处于钻孔中心，并保证杆体保护层厚度满足设计要求。永久性锚杆定位器布设间距应取 1.0 m，其他情况可取 1.0 m～2.0 m。当杆体采用预应力混凝土用螺纹钢筋时，严禁采用任何电焊操作。

5.5.3 机械锚固形式有末端带 135° 弯钩、末端与钢板穿孔塞焊及末端与短钢筋双面贴焊三种。本标准推荐末端与钢板穿孔塞焊，钢板材质和尺寸应满足计算和构造要求。

5.5.4 防腐问题是永久性锚杆应用的一个突出问题。对 Ⅰ 级防腐锚杆，采用套管或防腐涂层密封保护使锚杆杆体与地层介质完全隔离，是根本解决办法。对于钢筋锚杆，应对钢筋与地层接触的全部外表面采用防腐涂层保护，与地层介质完全隔离；Ⅱ级防腐锚杆通常依靠注浆体保护。

5.5.5　常用采用膨胀止水条防止抗浮锚杆与底板锚固连接处地下水渗入地下室，亦可采取锥形槽防水，即在垫层浇筑时在锚杆位置预留凹槽。锚杆施工完毕后，在锚杆处刷聚氨酯防水涂料后铺贴防水卷材附加层和防水卷材，并在卷材收口处刷聚氨酯防水涂料和套金属卡箍，最后浇筑混凝土防水保护层。

6 抗浮锚杆施工

6.1 一般规定

6.1.1 锚杆的施工具有很强的隐蔽性,科学、合理、有序地组织锚杆施工,对确保锚杆工程的质量影响很大。因此,锚杆施工前应充分核对设计条件、地层条件、环境条件,编制详细的施工组织设计。

6.1.2 施工组织设计应对锚杆施工的主要环节有明确的技术要求,确定施工方法、施工材料、施工机械、施工程序、质量管理、进度计划、安全管理等事项。

6.1.3 为确保锚杆的质量,在施工前一定要对锚杆原材料和施工设备的主要性能指标进行检查,包括水泥、杆体、锚具、防腐等材料,并检查其力学性能,当发现与设计要求不符时,应及时采取补救措施或进行更换调整。

6.2 钻 孔

6.2.1 钻孔机械应考虑钻孔通过的岩土类型、成孔条件、锚固类型、锚杆长度、施工现场环境、地形条件、经济性和施工速度等因素进行选择。在不稳定地层中或地层受扰动导致水土流失危及邻近建筑物或公共设施的稳定时,应选用合理工艺予以避免。

6.2.2 套管护壁钻孔是指必须采用套管跟进护壁的钻孔方式。套管护壁钻孔对钻孔周边扰动小,可有效防止钻孔时的塌孔现象,有利于保证注浆饱满度和注浆质量，提高孔壁地层与注浆体的粘结强度。因而在不稳定地层或地层扰动易出现涌砂流土的粉土，应采用套管护壁钻孔。

6.2.3 在成孔、下放杆体至设计深度后，套管须在碎石填充锚孔后再拔管，以免提前拔管导致孔壁坍塌影响锚杆施工质量。碎石的强度、压碎值应满足现行国家有关标准的规定。

6.2.5 动水对注浆质量影响较大，应尽量避免。地下水丰富灌注锚固段浆液时会影响灌浆的施工质量，可采用降低地下水位、改变施工工艺和加早强剂等措施。

6.3 杆体制作和安放

6.3.1 规范锚杆杆体的制作、存储及安放，是为了保证锚杆杆体的加工满足锚杆使用功能和防腐要求。钢锚杆杆体尤其是钢绞线不得采用电焊等高温方式熔断。由于钢绞线的力学性能对表面的机械损伤非常敏感，应避免擦刮、碰撞、锤击等，否则应报废。

6.3.2 本条规定钢筋锚杆的制作应预先调直、除油、除锈，是为了满足钢筋与注浆材料的有效粘结。钢筋接长可采用对接、锥螺纹连接、双面焊接。

6.4 注浆

6.4.1 注浆的目的是将钻孔的泥浆和较稀的水泥浆置换出来。因此，注浆管的出浆口插入孔底并且连续不断地灌注非常重要。注浆浆液停放时间不得超过浆液的初凝时间，通常要随注随搅。干作业锚杆一般情况下不存在孔底泥浆、砂沉淀而影响注浆质量，成孔后注浆时间可适当延迟。水下成孔砂卵石地层，锚杆与注浆孔放入孔内后，砂粒会逐渐从孔底开始沉淀，当沉淀到一定高度后，注浆压力无法冲破砂粒形成的包裹力，产生注浆管爆管，影响注浆质量。同样的，在有地下水分布的岩层地区，锚杆施工产生大量的岩粉形成泥浆，极易通过岩层裂隙、地面孔口进入已成锚孔，沉淀到一定高度后，注浆压力也无法冲破泥粉形成的包裹力，产生注浆管爆管，影响注浆质量，故水下成孔的锚杆一般要求当天施工当天注浆。

6.4.2 水泥浆或水泥砂浆的配合比直接影响浆体的强度、密实性和注浆作业的顺利进行。水灰比太小，可注性差，易堵管，常影响注浆作业正常进行；水灰比太大，浆液易离析，注浆体密实度不易保证，硬化过程中易收缩，浆体强度损失较大，影响锚固效果。采用水泥砂浆时，应进行现场配比试验，检验其浆液的流动性和浆体强度能否达到设计和施工工艺的要求。

注浆浆液不能过稀，以确保能将泥浆和较稀的水泥浆置换出来，形成强度较高的注浆体。有条件进行水泥砂浆注浆时，砂浆的水灰比在满足可注性的条件下应尽量小，具体根据注浆设备性能确定。

6.4.3 参考了行业标准《建筑桩基技术规范》JGJ 94—2008 第6.2.7 条的内容，按混凝土每 25 m³ 留 1 组试件。300 根直径150 mm、长 5 m 的抗浮锚杆所用注浆量大致相当于 25 m³。试块尺寸为 70.7 mm × 70.7 mm × 70.7 mm，标准养护，龄期为 28 d 的试块抗压强度值确定浆体强度等级。

7 质量检测和验收

7.1 一般规定

7.1.2 鉴于岩土层条件的多变性，为了准确地确定锚杆的极限承载力，本条对试验锚杆结构参数和施工工艺做了规定。

7.1.3 基本试验主要是确定锚杆极限抗拔承载力，提供锚杆设计参数和验证锚杆施工工艺。由于杆体的设计是可控因素，适当增加锚杆杆体截面积可避免锚杆杆体在锚固段注浆体与岩土层之间破坏前发生破坏。

7.1.4 锚杆验收试验是对锚杆施加大于轴向拉力标准值的短期荷载，以验证抗浮锚杆是否具有与设计要求相近的安全系数。明确验收试验的最大试验荷载应达到 2 倍锚杆抗拔承载力特征值，是为了检验施工后锚杆能否达到设计承载力要求。验收试验锚杆数量的规定，是参考国内外有关规定并结合四川省抗浮锚杆的经验而提出的，目的是及时发现设计、施工中存在的缺陷，以便及时采取相应的措施加以解决，确保抗浮锚杆的质量和工程安全。

7.1.5 对塑性指数大于 10 的粘性土土层锚杆、全风化的泥质岩层中或节理裂隙发育张开且充填有黏性土的岩层对蠕变较为敏感，因而在该类地层中设计锚杆时，应充分了解锚杆的蠕变特性，以便合理地确定锚杆的设计参数和荷载水平，并且采取适当措施控制蠕变量，从而有效控制抗拔力损失。

7.2 质量检测

7.2.2 锚杆质量检验包括原材料质量检验和锚杆抗拔力检验。本条列出了锚杆质量检验的基本内容和检验标准。对设计有特殊要求的锚杆还应按设计要求进行检验，以确保锚杆的工程质量。

7.4 不合格锚杆处理

7.4.1 在抗浮锚杆验收试验出现不合格锚杆时，没有采用不合格锚杆的倍数进行二次检测，而是采用加倍检测即前检锚杆数量的2倍进行二次检测，主要是基于抗浮锚杆在个别失效后会引起连锁失效以及抗浮锚杆的修复和加固费时长、成本高、社会影响大等考虑。同时也是对抽样5%可能偏低的一个补救。以下四川某市的锚杆工程验收试验可以帮助我们认识这个问题。该抗浮锚杆总数为4 389根，验收试验分大小两片区于2014年3月到2015年3月完成。在大片区3 615根抽检5%即181根锚杆进行验收试验，出现了19根不合格锚杆，后再抽检3倍不合格锚杆即57根锚杆验收试验全部合格。在小片区的774根锚杆中抽检5%即39根进行验收试验，出现了2根不合格锚杆，后再抽检3倍不合格锚杆即6根锚杆验收试验全部合格。由于开发顺序调整有一小块区域在抗浮锚杆验收后未进行后续施工，到2017年12月需要继续施工前对这一小块区域的抗浮锚杆进行全数验收试验。该小块区域锚杆共检测了351根锚杆，又出现了32根锚杆不合格，不合格锚杆约占351根的9.1%，即已经验收通过了的锚杆两年后出现了约9.1%的不合格锚杆，即不合格锚杆漏检概率为约9.1%，因此，在出现不合格锚杆后采用加倍检测以期降低不合格锚杆漏检概率。

8 抗浮鉴定与加固

8.1 一般规定

8.1.1 该条主要是对抗浮鉴定提技术要求。抗浮失效的现象有地下室底板局部上拱、梁柱产生裂缝及梁柱节点受损等。抗浮失效的原因找准才能选择合理加固方案。对邻近河流改道、湖面水位升高以及工程项目建设等环境改变可能引起的抗浮失效也应提供原因分析及加固方案。

8.1.2 项目建设单位一般不同时选择增加抗力和限位抽排地下水。在选择其中一项时会更多考虑经济成本，而施工单位则更多考虑施工效率，比如，增加锚杆在底板上凿洞会打断底板内钢筋，洞内接钢筋就会大幅度降低施工效率。因此，抗浮加固方案应该进行合理比选。

8.2 抗浮鉴定

8.2.2 地下结构出现裂缝等受损现象时的地下水位是现场调查的重要参数，主要靠测量邻近钻孔中的水位，当具有充足排水能力时，在底板凿洞观测水柱高度大致估算地下水位。

    1 通过对既有抗浮锚杆进行不少于 3 个抗拔承载力试验来了解抗浮锚杆的实际抗拔性能，有利于抗浮失效原因分析。

    2 查清地下水的补给排泄路径为后续加固方案比选提供依据。

8.3 加固方案

8.3.3 考虑到地下结构本身的重量能抵抗一定水位的浮力，限位抽排地下水就是抽排超过该水位的水量。因此抽排的水量应有限，和湖江等连通的情形不适用。透水层中地下水位依靠抽排方式下降后会得到较快恢复，因此要慎用。